MathStart®
洛克数学启蒙①

MathStart®
洛克数学启蒙❶

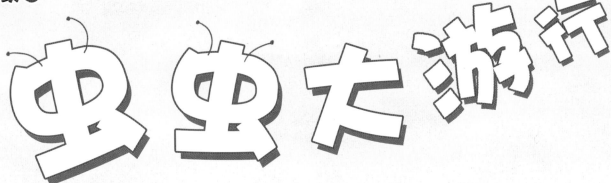

[美]斯图尔特·J.墨菲 文　　[美]霍莉·凯勒 图　　易若是 译

比较

海峡出版发行集团 THE STRAITS PUBLISHING & DISTRIBUTING GROUP ｜ 福建少年儿童出版社 FUJIAN CHILDREN'S PUBLISHING HOUSE

献给南希——你让我的人生成为一场美妙的游行。

——斯图尔特·J.墨菲

献给莉莉·劳伦斯。

——霍莉·凯勒

著作权合同登记号：图字 13-2023-038号

图书在版编目（CIP）数据

洛克数学启蒙. 1. 虫虫大游行 / (美) 斯图尔特·
J.墨菲文；(美) 霍莉·凯勒图；易若是译. -- 福州：
福建少年儿童出版社，2023.4（2023.9重印）
　ISBN 978-7-5395-8084-5

Ⅰ. ①洛… Ⅱ. ①斯… ②霍… ③易… Ⅲ. ①数学 -
儿童读物 Ⅳ. ①O1-49

中国国家版本馆CIP数据核字(2023)第005292号

LUOKE SHUXUE QIMENG 1·CHONGCHONG DA YOUXING
洛克数学启蒙1·虫虫大游行

著　　者：[美]斯图尔特·J.墨菲 文 [美]霍莉·凯勒 图 易若是 译
出 版 人：陈远　出版发行：福建少年儿童出版社 http://www.fjcp.com　e-mail:fcph@fjcp.com　社址：福州市东水路 76 号 17 层（邮编：350001）
选题策划：洛克博克　责任编辑：邓涛　助理编辑：陈若芸　特约编辑：刘丹亭　美术设计：翠翠　电话：010-53606116（发行部）　印刷：北京利丰雅高长城印刷有限公司
开　　本：889 毫米 ×1092 毫米　1/16　印张：2.5　版次：2023 年 4 月第 1 版　印次：2023 年 9 月第 2 次印刷　ISBN 978-7-5395-8084-5　定价：24.80 元

虫虫大游行

我个头很大。

我比你个头更大。

现在比一下，要数我个头最大。

大！ 更大！ 最大！

我个头很小。

我个头更小。

咱们三个比起来，数我个头最小。

小！　　　　　　　更小！　　　　　　　最小！

我的身体很长。

我的身体比你的更长。

18

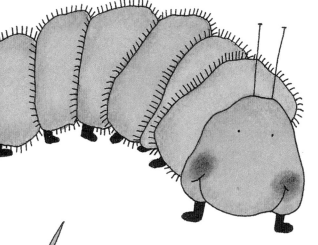

在场的所有虫子里，
我是身体最长的！

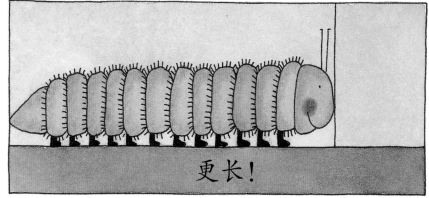

长！

更长！

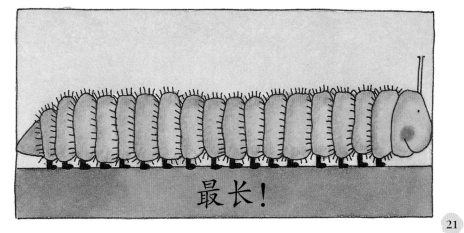

最长！

我身体很短。

昆虫大游行

我的身体比你的还短。

昆虫大联欢，就数我身体最短。

26

短!

更短!

最短!

不管个头是小还是大，
身体是短还是长，
只要齐聚一堂，

我们的队伍就非同寻常，我们的游行一定是……

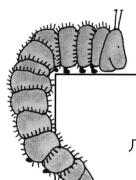

写给家长和孩子

对于《虫虫大游行》所呈现的数学概念，如果你们想从中获得更多乐趣，有以下几条建议：

1. 跟孩子一起阅读故事，描述每幅图上发生的故事。在阅读过程中向孩子提问，如："这些虫虫看起来一样吗？""它们哪里不一样？"

2. 想象一些虫虫形象，和孩子一起把它们画出来。将画出来的虫虫剪下来，按照体形从小到大的顺序排成一队，试着创造出属于你们的最棒虫虫游行吧！

3. 找来一些玩具，如小汽车、积木或者玩偶，让孩子将它们按照大小顺序进行排列。跟孩子讨论的时候，注意引导他们运用书中的数学概念，如："哪个玩具更长？""哪个玩具最长？"你们还可以用这些玩具设计出另一场游行。

4. 观察生活中的人和事物，如家庭成员、宠物、家具、盘子、鲜花等，让孩子说一说这些东西的大小关系："谁更大？""谁最小？"。家长还可以带领孩子不断扩展比较的维度，如："谁的年纪更大？""谁的年纪最小？""哪个更暗？""哪个最亮？"等等。

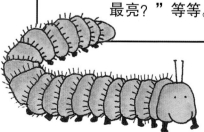

如果你想将本书中的数学概念扩展到孩子的日常生活中，可以参考以下这些游戏活动：

1. 厨房游戏：带孩子一起做饭的时候，可以让他们比一比不同的勺子、杯子和碗的长短或大小。

2. 亲近自然：找来卷尺或直尺，到家门口的绿地或公园中量一量不同植物的高度。

3. 抛物游戏：用"长——更长——最长"和"短——更短——最短"这样的词语，讨论球被踢出或者抛出的距离。还可以和孩子一起玩抛硬币游戏，测量每次抛出的距离，比较哪一次抛得最远、哪一次抛得最近。

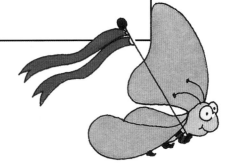

洛克数学启蒙